AF240388

DISSERTATION

SUR LES DIFFÉRENS CARACTÈRES DU SANG, CONSIDÉRÉ DANS L'ÉTAT DE SANTÉ ET DE MALADIE ;

PAR E.-N. COTTE.

> Les maladies doivent être étudiées sur les malades : il faut voir le début, il faut suivre les progrès, il faut observer la terminaison d'une maladie, pour se faire une idée complette de ses résultats.
>
> BOYER, *Traité complet d'Anatomie.*

A AIX,

CHEZ FRANÇOIS GUIGUE, IMPRIMEUR DU ROI.

1821.

Cinq exemplaires de cet ouvrage ont été déposés
à la Préfecture.

DISSERTATION *sur les différens caractères du sang, considéré dans l'état de santé et de maladie.*

Suivant les lois de la nature, chaque genre d'animaux a une nourriture particulière; les alimens dont ils se nourrissent sont tout-à-fait différens; mais le suc nutritif qu'ils en retirent est chez tous parfaitement le même. Les organes digestifs séparent toujours les même principes des divers alimens; la partie chyleuse qui en est extraite est constamment blanche comme le lait sans odeur et sans saveur. * Tel est ce fluide nourricier qui

---

* Quelques physiologistes ont avancé que le chyle prenait la couleur de diverses substances dont les animaux se nourrissent; mais cette assertion ne s'accorde nullement avec l'expérience. Les savans Asellius et Pecquet avaient observé le contraire. Les professeurs Hallé et Richerand ont fait la même observation. Je l'ai toujours trouvé moi-même sans couleur, inodore et insipide dans les voies lactées des chiens qui avaient mangé d'alimens mêlés avec des matières colorantes et aromatiques. Les professeurs Dupuytren et Vauquelin qui en ont fait l'analyse, l'ont également

se transforme en sang dans l'homme, et dans les animaux. La digestion obtient les mêmes produits de toutes les substances alimentaires, de sorte que le sang du cochon, qui est un animal omnivore, est homogène à celui du mouton, qui ne vit que de végétaux. Les animaux carnaciers ont également le sang analogue à celui des herbivores. Les Kamtscadales qui ne mangent la plupart du tems que de poissons pourris, n'ont pas le sang différent des Bragemanes de l'Inde, qui ne vivent que de racines et d'herbages. En un mot, le sang du riche qui se nourrit toujours de mets succulens, est parfaitement identique à celui du pauvre, qui fait journellement mauvaise chère.

Tant qu'il circule dans l'économie animale, le sang est liquide, rouge, vermeil dans les artères, et rouge foncé dans les veines. Hors de la circulation et privé

---

trouvé blanc dans différens animaux et en ont retiré les mêmes principes constituans. Au surplus, l'ouvrage de la nature est ouvert à tout le monde; chacun peut le vérifier : il est beaucoup de choses qu'il vaut mieux examiner soi-meme que de s'en rapporter aux autres.

de mouvement, il se divise en deux parties, dont l'une est séreuse, un peu jaunâtre, et l'autre caillée d'un rouge obscur. Ces deux parties ne sont pas toujours dans les mêmes proportions. Il y a des individus chez lesquels la quantité de sérosité est plus considérable que celle de la partie coagulée; et chez d'autres c'est au contraire, le coagulum qui domine sur la partie aqueuse. On ne sait pas encore bien positivement les degrés de proportion qu'il doit y avoir entr'elles, pour juger que le sang ne pêche par aucun défaut. Suivant M. G.ᵈᵉ de la Faye, tout ce que l'on peut dire à cet égard, c'est que le volume de la partie blanche ne doit pas être plus grand que celui de la partie rouge, ni moindre que le tiers de ce volume, et *vice versâ*. D'après l'analyse chimique, le sérum n'est que de l'eau tenant en dissolution de l'albumine, et quelques matières salines. Le caillot contient de plus de fibrine et d'oxide de fer qui lui donne la couleur. M. le baron de Haller pense qu'il lui donne aussi la chaleur.

Le coagulum est quelquefois recouvert

d'une croute coëneuse blanchâtre. On la rencontre presque toujours dans les affections inflammatoires , particulièrement dans celles qui affectent la poitrine. C'est sans doute par cette raison que M. Pinel lui donne le nom de croute pleurétique. Le grand Boerhaave la regarde comme la cause des inflammations. M. le professeur Triller pense qu'elle est un effet de ces maladies. Hewson attribue sa formation à la réunion des élémens de la lymphe. M. Paul dit qu'elle est formée par les globules rouges qui ont souffert un degré d'élaboration de plus. Cullen croit que c'est une partie constituante du sang humain. MM. de Haen, Selle et Laroque ont fait là dessus des osbsevations qui rendent bien incertaines toutes les conséquences qu'on a pu en tirer. Cependant, comme cette croute albumineuse existe dans presque toutes les maladies où le génie phlogistique paraît dominer, on peut la considérer, avec le professeur Bosquillon, comme un signe d'inflammation, quand elle est réunie avec d'autres symptômes de phle-

gmasie. On ne la voit jamais dans les affections purement astheniques. Dans ces cas,
le sang se caille toujours très lentement,
la partie lymphatique est beaucoup plus
abondante, la surface du cruor est brune,
molle, sans ressorts, ainsi que toute la
masse; il paraît participer à l'atonie qui
existe alors dans les organes musculaires.

Chaque fois qu'on ouvre une veine, le
sang qui en sort paraît d'abord noirâtre,
mais à mesure qu'il coule, il devient peu à
peu plus rouge; de manière que vers la fin
de l'opération, le sang veineux ressemble
assez au sang artériel. Le célèbre Hunter
explique ce phénomène, en disant, qu'à
mesure que les veines se vident, le sang
des artères y passe plus promptement.
C'est sans doute par cette raison que le
sang des jeunes gens que l'on tire par la
saignée, est toujours d'un rouge plus
éclatant que celui des vieillards, chez lesquels la circulation se fait plus lentement.
A mesure qu'il se refroidit, le sang ex-
hale une vapeur humide d'une odeur
fade. M. Rosa pense que c'est à ce gaz
odorant qu'il doit ses qualités vivifiantes.

Cette vapeur du sang se dissipe en même tems que sa chaleur; mais celui qui contient plus de partie fibrineuse, conserve plus long‑tems ces deux principes: aussi, les individus chez lesquels le volume du sérum dépasse naturellement la partie solide, sont beaucoup moins vigoureux et plus sensibles à l'impression du froid. En général, la partie concressible anticipe toujours sur celle de la sérosité chez les personnes qui mènent une vie laborieuse; elle est ordinairement moindre chez celles qui vivent dans l'oisiveté. La viscosité du sang augmente dans toutes les maladies sthéniques; elle diminue, au contraire, dans celles où l'affaiblissement constitue le principal caractère. On le trouve toujours rouge, cohérent; écumeux dans l'état de phlogôse et de pléthôre; il est au contraire, aqueux et décoloré dans l'hydropisie. Celui des scorbutiques est également dissous et sans consistance. Cet état du sang est le même chez ceux qui sont frappés de fièvres adynamiques, et dans tous les cas pothologiques, où le système des forces est esssentiellement affaibli. Il indique alors que les puissances vitales manquent d'énergie. Telles sont les inductions que l'on peut déduire de l'inspection du sang : ses différens degrés de densité ou de liquefaction font juger des divers degrés de force ou de faiblesse du principe de la vie.

Les médecins de routine ne jugent point ainsi des différens caractères du sang : ils le regardent toujours comme gâté, quand il présente quelques nuances étrangères à sa couleur ordinaire, et croient, comme le vulgaire, qu'on peut le rendre meilleur à force d'en tirer. Cette funeste erreur est sur-tout fortement accréditée à Martigues. Elle y a été introduite par un espèce de médicastre qui a habité quelques années cette ville. Sans avoir aucune connaissance médicale, cet homme s'y fit passer pour médecin, on le crut sur parole, et fut mis en cette qualité à la tête de l'hôpital. La saignée était son unique remède ; il l'employait sans réserve dans toutes les maladies. Suivant lui, elles dépendaient toujours du mauvais sang, le répandre en abondance était le seul moyen curatif. Je laisse à penser combien une pareille thérapeutique serait dangereuse ; beaucoup de malades pourraient en être victimes ; il vaudrait mieux pour eux les laisser sans médecins, que de leur en procurer de semblables. Beaucoup de maladies peuvent devenir mortelles par les mauvais traitemens, tandis qu'elles guériraient souvent d'elles-mêmes si on les abandonnait aux seules ressources de la nature. On a long-temps prêché cette doctrine ; c'est ce qu'on appelle encore aujourd'hui la médécine hypocratique ; elle estbien préférable à l'empirisme. Sthal l'a enseignée avec une sagacité admirable, et nombre d'autres grands médécins ont adopté les préceptes de cet illustre professeur.

La médecine expectante est sur-tout nécessaire, dans les maladies aiguës. En général ces sortes de maladies exigent peu de remèdes. Bien de malades, dit M. le professeur Lieutaud, se procurent la guérison par la seule diète, la boisson abondante et le repos. Ceux qui sont assez raisonnables pour l'attendre de cette

manière l'obtiennent presque toujours heu-
reusement. J'en ai vu plusieurs exemples
cette année à Martigues, à l'occasion d'une
fièvre angioténique qui y a régné dans le
courant des mois de mars et d'avril. Les vicis-
situdes atmosphériques semblaient en être
la cause ; il y pleuvait alors essez fréquem-
ment, l'air était humide et passait souvent
du tempéré au froid. Chaque fois que
ce changement de température avait lieu,
plusieurs individus étaient atteints de
cette maladie. Elle avait chez tous à
peu près les mêmes symptômes et le
même degré d'intensité. Quelques-uns
de ces malades ont été saignés, mais ils
n'ont pas été plutôt guéris, que ceux qui
se sont bornés à un régime diététique.
M. Tissot observe que ce traitement est
le seul qui convienne à la fièvre inflammatoire. Il ajoute, que la saignée est
rarement utile dans ce cas, et que c'est
agir quelquefois en médecin très-habile,
que de ne prescrire aucun remède. M.
Pinel est de cet avis. Suivant ce professeur,
on ne doit recourir à la saignée que lorsqu'il
se manifeste quelques signes de congestion

sur quelque vissère. Autrement , il assure, comme le médecin de Lausane, que la nature peut, dans cette espèce de fièvre, se suffire à elle-même ; pourvu qu'elle soit bien dirigée et qu'aucune imprudence ne s'oppose au libre développement des lois de l'économie. Le célèbre M. de Senac, en parlant de la fièvre aiguë ordinaire, fait à peu près la même observation. Au reste, dit M. le médecin Lieutaud, cette expectation si recommandée dans tous ses écrits, n'est pas , comme on pourrait l'entendre, une inaction oisive ; mais une conduite éclairée qui tend à attendre que la nature donne le signal d'agir. Cette conduite a toujours été regardée comme la meilleure par les praticiens les plus expérimentés ; ils s'accordent tous à dire que les saignées et les autres remèdes dont on accable trop tôt les malades, peuvent croiser les heureux efforts de la nature et changer les bonnes dispositions des organnes affectés. M. de Bordeu n'a pas oublié de faire cette remarque. Les savans qui ont rédigé la pharmacopée française, observent également que la médecine se fonde beaucoup moins sur la multitude des médicamens que sur une méthode puisée dans l'étude et l'observation de la nature. Et c'est-la, en effet, suivant le chancelier Bacon, le seul moyen de parvenir à quelque chose de vrai et d'utile dans l'art de guérir.

Cependant, quoique la saignée puisse, comme tous les autres grands remèdes, devenir pernicieuse dans beaucoup de cas, quand on y a recours d'après des données fausses et mal établies, je ne pense pas pour cela, comme Van-Helmont et le docteur Gay, qu'on doive la proscrire tout à fait de la médecine ; les deux extrêmes seraient également préjudiciables à l'humanité ; il est de circonstances où elle est absolument indispensable. M. Quesnay qui a donné un savant traité sur cette matière, fait voir combien elle est nécessaire. Il prouve, comme le grand Boerhaave et le baron de Wanwieten, qu'elle est très-avantageuse quand le sang des malades est visqueux, que la surface du cruor est couverte d'une croute tenace et blanchâtre, et qu'il y a des signes d'engorgement inflammatoire à la tête, à la poitrine ou au bâs-ventre. Mais tous ces médecins s'accordent aussi à dire qu'elle est formellement contre indiquée, lorsque le sang a peu de consistance, que sa coagulation est lente et que la partie aqueuse excède celle du caillot. Le célèbre Huxam sur-tout insiste beaucoup sur cette règle, et plusieurs autres habiles écrivains professent la même opinion.

MM. Juncker et Wedel indiquent beaucoup de remèdes contre ces différens états mobifiques du sang. Le professeur Ferrein traite aussi très-amplement cette matière. M. de Sauvage a fait là dessus des expériences bien intéressantes; il a observé que le nitre, le vinaigre et l'opium, rendaient ce liquide plus coulant, et qu'il devenait, au contraire, plus dense quand on le mêlait avec l'infusion de sassafras et du sénéka. Mais le professeur Venel dit, avec raison, que ces expériences ne prouvent pas assez, et que des médicamens éprouvés sur des humeurs hors du corps peuvent ne rien faire pris intérieurement. M. Clare observe également qu'une poudre ou un remède quelconque mêlé à du sang reçu dans une palette peut, d'une manière visible, agir sur ce fluide en le rendant plus clair ou plus épais. Cependant, continue-t-il, ce remède introduit dans l'estomac et de là dans le torrent de la circulation, peut produire un effet très-différent sur un fluide circulant ; peut-être même n'en produira-t-il aucun, ayant éprouvé une altération essentielle dans sa course.

Suivant les fonctions d'assimilation du systême gastrique, il est évident que ce systême convertit en chyle toutes les substances susceptibles d'être digérées ; aucune ne passe dans les voies lactées sans avoir subi cette conversion. En conséquence, tous les médicamens altérables rentrent dans la classe d'alimens, leur effet médicamenteux se borne aux premières voies : une fois réduits en chyme, ils servent seulement à la nutrition, et deviennent comme toutes les autres substances alimentaires, assimilables à la composition de nos organes.

D'après cette observation physiologique, il paraît bien certain que les substances pharmaceutiques n'entrent point dans le sang avec leurs propriétés médicicales ; le système des voies digestives reçoit seul les impressions de ces propriétés et les communique ensuite à toutes les autres parties du corps. Tous les médecins physiologistes s'accordent sur ce fait; le savant Alibert dit même qu'il est incontestable.

Cependant, quoique les substances médicamenteuses n'entrent point dans le système vasculaire sans avoir totalement changé de nature, elles ne laissent pas d'exercer quelqu'influence sur le sang qui y circule. L'expérience fait voir tous les jours que les antiphlogistiques ralentissent son mouvement; on les emploie avec avantage dans toutes les maladies où le caractère inflammatoire est spécialement prononcé. Les toniques relèvent au contraire la circulation de ce fluide; ils produisent de très-bons effets dans les cas où elle est affaiblie par des affections asthéniques. Le système digestif transmet à l'appareil circulatoire les impressions dont il est affecté par l'action des remèdes; le sang éprouve dans l'intérieur des vaisseaux les effets de ces impressions, et prend le caractère qui lui est imprimé par le mouvement oscillatoire.

F I N.